Lyamine BRIKI

Mecânica dos solos para principiantes

AF526030

Lyamine BRIKI

Mecânica dos solos para principiantes

ScienciaScripts

Imprint
Any brand names and product names mentioned in this book are subject to trademark, brand or patent protection and are trademarks or registered trademarks of their respective holders. The use of brand names, product names, common names, trade names, product descriptions etc. even without a particular marking in this work is in no way to be construed to mean that such names may be regarded as unrestricted in respect of trademark and brand protection legislation and could thus be used by anyone.

Cover image: www.ingimage.com

This book is a translation from the original published under ISBN 978-620-6-70490-4.

Publisher:
Sciencia Scripts
is a trademark of
Dodo Books Indian Ocean Ltd. and OmniScriptum S.R.L publishing group

120 High Road, East Finchley, London, N2 9ED, United Kingdom
Str. Armeneasca 28/1, office 1, Chisinau MD-2012, Republic of Moldova, Europe
Printed at: see last page
ISBN: 978-620-7-72463-5

Copyright © Lyamine BRIKI
Copyright © 2024 Dodo Books Indian Ocean Ltd. and OmniScriptum S.R.L publishing group

Conteúdo

Capítulo I

Introdução à mecânica dos solos

Capítulo 1

Introdução à mecânica dos solos

1.1 Objetivo da mecânica dos solos

As estruturas utilizam o solo tanto como um elemento de infraestrutura que transmite a carga global da estrutura a uma camada de solo suficientemente estável e resistente. Consequentemente, o sucesso da estrutura depende do sucesso do projeto de fundação. Dependendo do tipo de estrutura e da forma como é projectada, o solo pode constituir uma base de apoio para toda a estrutura, como uma estrada, um túnel, uma barragem de gravidade, um muro de contenção, um aërodromo, ou um ponto de apoio para apenas alguns elementos, como um edifício, uma ponte, uma barragem em arco, etc. A mecânica dos solos é a ciência que reúne todos os conhecimentos e técnicas que permitem :

> Identificar as características que regem o comportamento mecânico do solo.

> Análise da interação solo-estrutura

> Instalação correcta das estruturas subterrâneas.

A título de exemplo, a mecânica dos solos trata de problemas relacionados com várias fundações, estruturas de apoio, aterros e estruturas de terra, estabilidade de taludes e aterros, estradas, pistas de aterragem, túneis, minas, etc.

1.2 Disciplinas de mecânica dos solos :

Para atingir os objectivos acima referidos, serão necessárias várias disciplinas:

a- Geologia do terreno : O estudo da geologia do terreno é de grande importância. De facto, ele permite identificar as diferentes camadas de solo, as suas espessuras e as suas inclinações, bem como a eventual presença de águas subterrâneas. Além disso, o estudo geológico das camadas presentes fornece descrições qualitativas do solo, responde a algumas questões relacionadas com a história do dëpдt e ajuda a orientar a investigação preliminar.

b- Características físico-químicas: O estudo das características físicas e químicas dos solos demonstrou que estas são muito úteis para prever ou interpretar o comportamento do solo. A maioria destas propriedades é determinada por ensaios em laboratório ou no local.

c- Estudo hidráulico: A presença de água nas várias camadas desempenha um papel importante no comportamento do solo. A determinação do grau de estabilização e o estudo do regime de escoamento permitem escolher os equipamentos de bombagem e de desidratação, bem como contrariar os phënomënes das areias em ebulição. A determinação da natureza química das águas subterrâneas permite prever a forma como as estruturas enterradas serão ëtanchëitë.

d- Características mecânicas: A análise do comportamento mecânico dos solos baseia-se nas conclusões das disciplinas anteriores e em ensaios de laboratório ou no local. Esta disciplina permite determinar a resistência do solo e a sua capacidade de suporte, e portanto a escolha do método de fundação e as dimensões dos elementos enterrados. Por fim, permite prever quantitativamente a dëformação ou assentamento do solo sob a carga da estrutura.

e- Investigação teórica e modelização numérica: Foram desenvolvidas várias teorias **com o** objetivo de compreender fenómenos físicos complexos. Estas teorias descrevem os problemas colocados por modelos matemáticos rigorosos, cuja resolução recorre a técnicas informáticas e numéricas cada vez mais avançadas, e ocupam uma grande parte da investigação atual neste domínio.

f- Conceção e execução: São as técnicas utilizadas para a conceção e construção de estruturas subterrâneas. Tem em conta o estudo dos custos das diferentes soluções possíveis.

Para além do saber-fazer, os regulamentos em vigor devem ser seguidos passo a passo para garantir as condições de segurança, tanto durante a construção como durante o funcionamento da estrutura.

1.3 Aspeto da crosta terrestre :

1.3.1 Constituição da Terra :

- Um envelope, a crosta terrestre ou litosfera (espessura ~ 70 km, composição: maioritariamente sílica e alumínio, densidade ~ 2,7),
- Uma camada intermédia e pastosa, a pirosfera (~*3000* km de espessura), composição: rica em silício e magnésio, densidade ~ 3,4),
- Um núcleo central, ou barysphere (raio ~ 3300 Km, composição: principalmente níquel e ferro, densidade ~ 7,8).

O arrefecimento da Terra provocou deslocamentos e contracções, criando emergências, dobras e falhas que evoluíram ao longo do tempo (a idade da Terra está estimada em 4 mil milhões de anos).

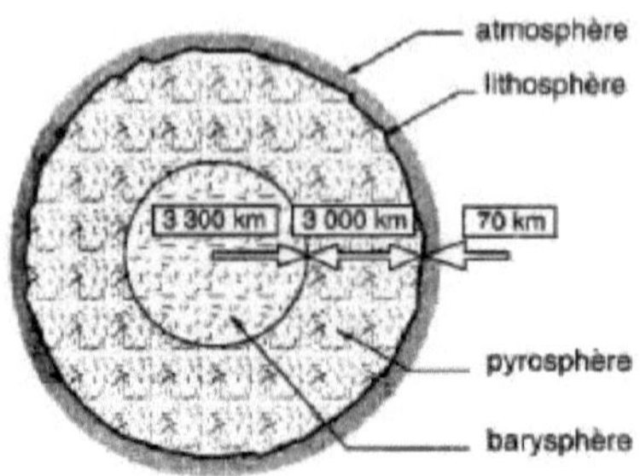

Arrancados das rochas primitivas pela chuva, granizo, neve, gelo, vento, alternância de geadas e degelos, ondas e mares, e depois transportados para as cavidades das dobras da crosta, os sedimentos deram origem às rochas sedimentares.

São o resultado de alterações químicas (oxidação), físicas (variação da temperatura, geada) ou mecânicas (erosão, ondas, etc.) das rochas.

Esta transformação de rocha solta e sobreposta (lama e areia) em rocha coesa leva milhões de anos.

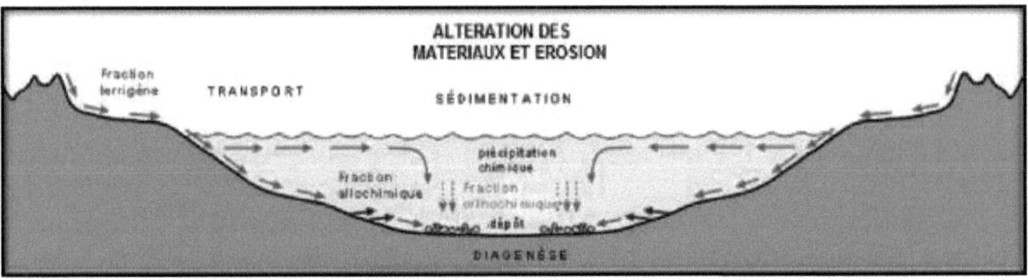

As rochas sedimentares são, portanto, compostas por leitos, bancos ou estratos (camadas) alternados, limitados por juntas visíveis ou invisíveis. Estes leitos não são contínuos; terminam ou por perda de resistência (espessura) ou por modificação da fácies (conjunto de características metalógicas e estruturais) da rocha.

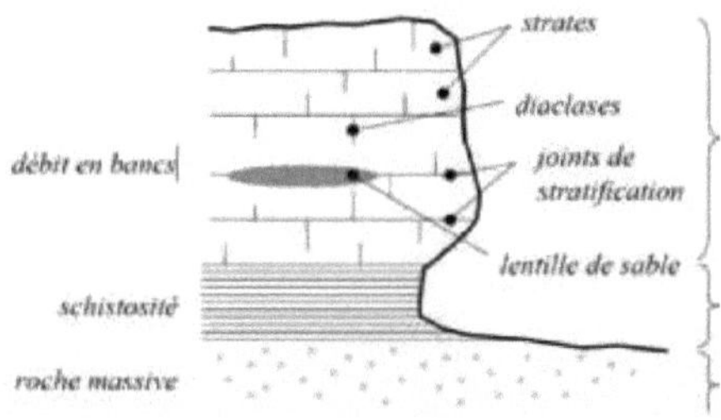

A maioria das rochas são c^1a1^ëeз, cohërent e pouco dëformáveis (quartzo, granito, arenito, etc.). Alguns são soltos (areias) ou plásticos (argilas), outros são líquidos ^óleo).

1.3.2 Aspectos gerais e definições :

A mecânica dos solos é uma ciência jovem. Os primeiros fundamentos podem ser atribuídos a Coulomb (1773), mas Terzaghi vëritably тШë modern soil mechanics (1936).

A mecânica dos solos centra-se no comportamento dos solos soltos e compressíveis (excluindo o comportamento das rochas), em termos da sua resistência e dëformabilidade.

Os ensaios laboratoriais são cada vez mais sofisticados, baseando-se na análise de amostras a diferentes profundidades ou em equipamentos que testam o solo diretamente a diferentes profundidades. Fornecem dados sobre a capacidade de suporte do solo, a sua homogeneidade e densidade.

A mecânica dos solos fornece aos construtores os dados de que necessitam para projetar estruturas de engenharia civil e de construção e garantir a sua estabilidade em relação aos solos em que devem assentar:

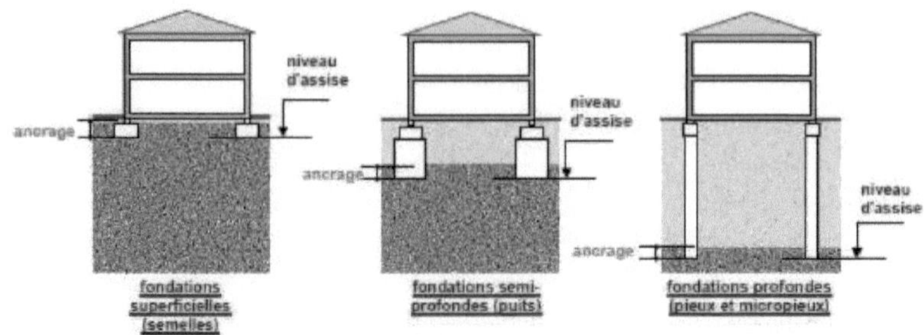

(As fundações funcionam segundo o princípio da ação-reação, transmitindo cargas ao solo e assegurando assim a estabilidade da estrutura. No entanto, a presença de água em movimento no solo é uma fonte de alterações estruturais e pode constituir um risco para a estabilidade).

Ou com que serão construídos:

✓ Aterros (estradas, caminhos-de-ferro, barragens, diques, bacias de terra, plataformas marítimas, etc.)

✓ Aterros (aterros, canais, bacias, etc.)

e, em segundo lugar, o suporte (muros de contenção, estacas-pranchas, etc.)

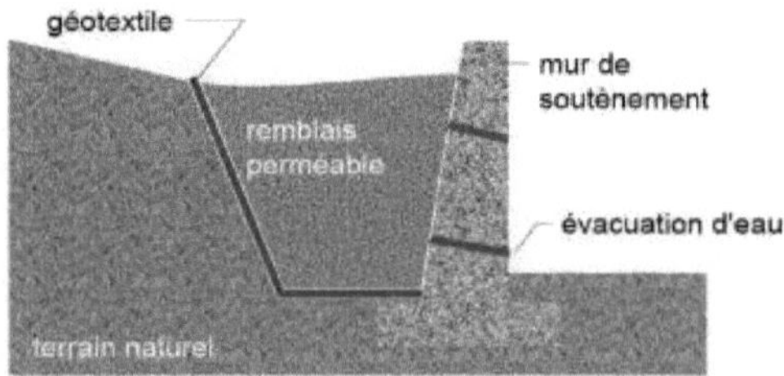

1.4 Características dimensionais :

1.4.1 Forma :

Podem distinguir-se três categorias de formas:

✓ Partículas esféricas (cúbicas) com formas arredondadas ou angulares no caso dos solos granulares ;

✓ Partículas de plaquetas em solos finos ;

Partículas em forma de agulha.

1.4.2 Dimensão :

O esqueleto sólido de um solo é formado por partículas de dimensões muito variadas, o sueco Atterberg propõe a seguinte classificação:

LSolos pulverulentos (Grenus) (Coerente)

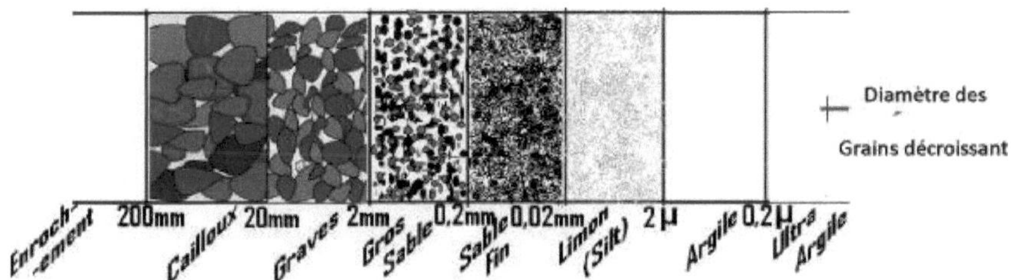

1.5 Características granulométricas :

Técnicas diferentes para obter a granulometria de acordo com o tipo de solo:

a- Solos pulverulentos: utiliza-se a peneiração (uma série de peneiras de "orifício circular" ou uma série de peneiras de "malha quadrada").

- seco para grãos grandes ;

- subaquático para grãos finos.

b- Solos finos :

Utilizamos a sëdimentomëtrie ou granulometria a laser

Após a remoção de carbonatos, substâncias orgânicas e possíveis óxidos de ferro (devido à sua função de ligação), a fração fina (<50pm), é suspensa em tubos cheios de água. O método baseia-se na diferença de velocidade de sedimentação entre as partículas mais leves e as mais grossas, utilizando a lei de Stockes.

$$V = \frac{h}{t} = \frac{2\,(dp-d)\,gr^2}{9\eta}$$

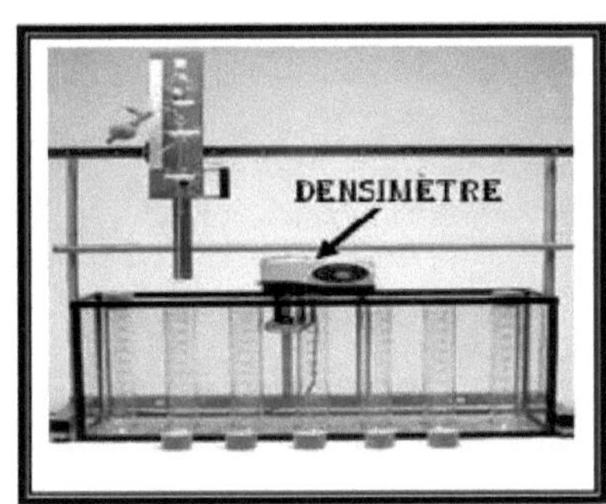

333 V = velocidade de sedimentação, cm/seg g = aceleração gravitacional, cm/seg dp = densidade da partícula, g/cm d = densidade do líquido, g/cm i' = raio da partícula, cm i] = local da viscosidade, g/cm/seg

c- Solos orgânicos: alguns solos, derivados de dëpдts gëológicos recentes, podem conter matéria orgânica. Podem ser identificados pela sua cor cinzenta a preta, pela presença de detritos vegetais e pelo seu odor. Têm fracas propriedades técnicas e, em particular, os que contêm 2 a 3% de matéria orgânica podem causar problemas de assentamento a longo prazo quando utilizados como aterro.

A turfa, resultado da decomposição de fibras vegetais, é um exemplo de solo orgânico e é composta quase exclusivamente por fibras vegetais.

Capítulo II

Identificação e classificação dos solos

Capítulo 2

Identificação e classificação dos solos

2.1 Componentes :

O solo é um conjunto de grãos ттёраих e dëcomposëes de matéria orgânica (partículas sólidas), sëparáveis por ação mëcânica 1ёдёге daí o nome MECÂNICA DO SOLO e líquido e gás ocupando os espaços vazios entre as partículas sólidas.

Um solo é, portanto, uma mistura trifásica:

> Fase sólida composta por grãos (areia, argila, etc.),

> Fase gasosa composta por ar, quando o solo está seco, ou por uma mistura de ar e vapor de água, quando o solo está húmido. Quando todos os espaços vazios estão cheios de água, diz-se que o solo está saturado,

> Fase líquida composta por água que preenche os espaços vazios entre as partículas.

> **.1.1 Características físicas dos solos :**

Trata-se de definir certos parâmetros relativos às diferentes proporções em que se encontram o esqueleto, a água e o gás num solo.

Esquematicamente, consideramos a seguinte apresentação de uma amostra de solo ë em que as três fases seriam sëparëes.

Os volumes das várias fases são apresentados à direita e os pesos à esquerda.

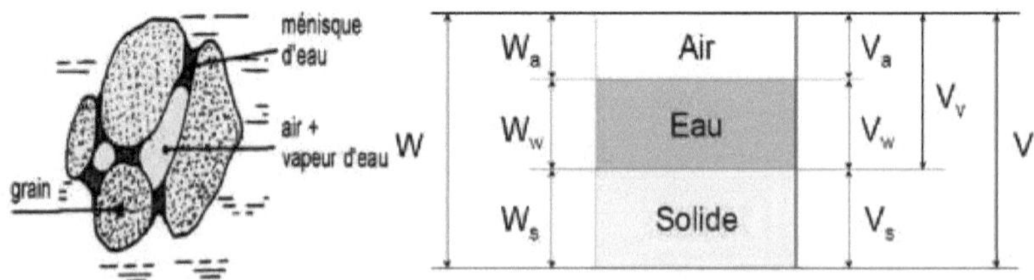

W para peso

w de água

$\backslash N$ I peso total do solo

$_{ss}$W I peso das partículas sólidasW = W + W_w

$_w$W : peso da água

V: volume total (aparente)

$_c$V I volume das partículas sólidas. . . . . .

s V = V + V

V": volume dos espaços vazios entre as partículas . / . w. /a V = V + V =

$_w$V : volume de água s v

V": volume de ar

LI

2.2 Parâmetros dimensionais :

Densidade

$$\rho=\frac{M}{V}[Kg/m^3]$$

Densidade : $\gamma=\rho.g[N/m^3]$

A maioria das perguntas utiliza :

Densidade :

$\gamma_S = \frac{W_S}{V_S}$ Grãos sólidos: areia e argila " 26 a 27 kN/m3

A fase sólida dos solos é constituída principalmente por sílica e alumina. Os solos orgânicos são uma exceção a estes valores.

$\gamma_w = \frac{W_w}{V_w} =$ Água: 9,81kN/m3

Solo (ou peso a granel ou húmido)

$\gamma = \frac{W}{V}$ Areia " 17 a 20kN/m3 ; argila " 16 a 22kN/m3

$\gamma_d = \frac{W_S}{V}$ Seco: areia " 14 a 18kN/m3 ; argila " 10 a 20kN/m3. d para seco

d pour dry

Se o solo estiver seco, então $\gamma = \gamma_d$.

Solo saturado: quando todos os espaços vazios estão cheios de água:

$\gamma_{sat} = \frac{W}{V} = \frac{W_S + \gamma_w * V_v}{V}$ Areia e argila " 19 a 22kN/m3.

$\gamma' = \gamma_{sat} - \gamma_w$ De solo dëjaugë: areia e argila " 9 a 12kN/m3

2.3 Parâmetros adimensionais :

Indicam as proporções das várias fases num solo:

Definimos porosidade, notëe n, que é usada para determinar o tamanho dos vazios, ou seja, se o solo está em um estado solto ou apertado. É definida por :

$n = \frac{V_v}{V}$ Areia " 0,25 a 0,50; argila " 0,20 a 0,80

A porosidade é sempre inferior a 1.

Pode ser expressa em percentagem.

- O índice de vazios, denotado por e, é definido por :

$$e = \frac{V_v}{V_s}$$

Areia " 0,5 a 1; argila " 0,3 a 1

O índice de pode ser superior a 1.

Pode ser expressa em percentagem.

O teor de água, denotado w, é definido como a razão entre o peso da água e o peso das partículas sólidas num determinado volume de solo:

$$w = \frac{W_w}{W_s} . 100$$

Areia = 1 a 15%; argila = 10 a 20%.

w pode exceder 100%.

❖ O grau de saturação, Sr, indica a proporção em que os espaços vazios estão cheios de água. É definido como a relação entre o volume de água e o volume de vazios.

$$S_r = \frac{V_w}{V_v}.100$$

→I→I Sr = 100% - o solo está saturado; Sr = 0% - o solo está seco

De todos os parâmetros acima definidos, os parâmetros adimensionais são os mais importantes. Eles caracterizam o estado do solo, ou seja, o estado de compactação do esqueleto e as quantidades de água e ar contidas no solo.

Introduzimos também a noção de densidade em relação à água

Densidade húmida : $d_h = \frac{\gamma_h}{\gamma_w}$;

Densidade a seco : $d_d = \frac{\gamma_d}{\gamma_w}$

❖ [1]Densidade dos grãos : $d_s = \frac{\gamma_s}{\gamma_w}$;

❖ Densidade de maré : $d_j = \frac{\gamma'}{\gamma_w}$

2.4 Determinação prática das características físicas :

Tendo em conta a inevitável dispersão dos resultados, efectua-se um grande número de medições de três parâmetros independentes e tira-se a média.

2.4.1 Determinação do teor de água (ponderale) w:

Uma primeira pesagem da amostra no seu estado inicial dá a massa **m** da amostra húmida e uma segunda pesagem, após secagem em estufa a 105°C durante 24 horas (evaporação da água livre e da água capilar), dá a massa seca da amostra **ms**.

Pesagem e secagem a 105 C

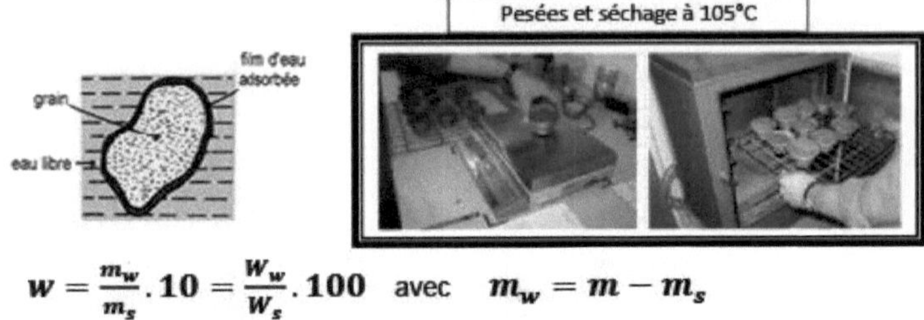

$$w = \frac{m_w}{m_s}.10 = \frac{W_w}{W_s}.100 \quad \text{avec} \quad m_w = m - m_s$$

2.4.2 Determinação da densidade y :

A massa m e o volume total V da amostra devem ser determinados. Para determinar este último, é utilizado um dos três métodos seguintes:

- **Método de imersão em água :**

$(\rho_{paraffine} =$ Pesa-se (m) uma amostra natural de forma simples, não trabalhada, com uma massa compreendida entre 0,1 e 0,5 kg, que é depois coberta com uma camada de parafina (0,88 *g/cm?).* Uma segunda pesagem (mp) é utilizada para determinar a massa da camada de parafina e calcular o seu volume. Uma terceira pesagem, hidrostática, da amostra revestida de parafina (m'p) é utilizada para calcular o volume da amostra revestida de parafina. Como o volume de parafina é conhecido, deduz-se o volume V da amostra:

$$V = V_{eau+paraffine} - V_{paraffine} = \frac{m_p - m'_p}{\rho_w} - \frac{m_p - m}{\rho_p}$$

- **Método do kit de corte :**

A amostra de solo no seu estado natural é perfurada com uma ferramenta de corte. As faces da amostra de ensaio são niveladas nos extremos. O volume V da amostra de ensaio é igual ao produto da área da secção transversal da ferramenta de corte pela sua altura.

É de salientar que a amostra de solo é fortemente modificada pela passagem da ferramenta de corte.

- **Método de moldagem :**

A amostra, preparada de acordo com um processo definido, enche o molde até transbordar. A extremidade superior do molde, de dimensões conhecidas, está nivelada com a régua.

,2.4.3 Determinação da densidade de partículas sólidas :

sUma massa conhecida m de solo sëchë (por secagem em estufa a 105°C até massa constante) é introduzida num recipiente contendo água destilada. Um agitador magnético separa as partículas umas das outras. As bolhas de ar libertadas são aspiradas por um vácuo (tubo de água). Depois de se certificar de que não há bolhas de ar entre as partículas sólidas, o volume de água deslocado pelas partículas sólidas é determinado com muito cuidado.

O volume da fase sólida Vs, igual ao volume de água deslocado pelo solo, é determinado por pesagem.

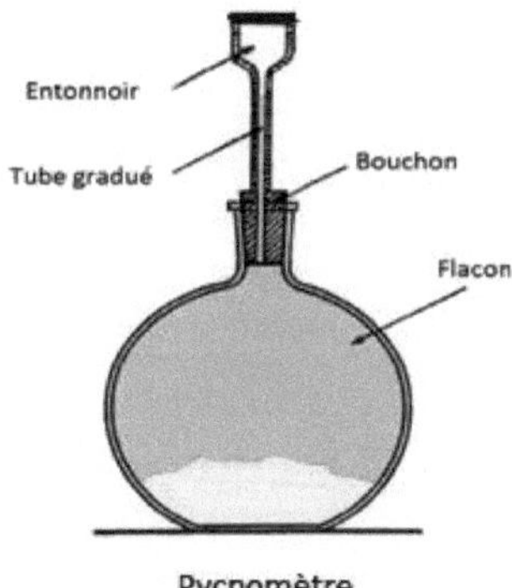

Pycnomètre

m_1: massa do picnómetro com água destilada e barra magnética, m_2: massa do picnómetro com terra, água destilada e barra magnética.

$$m_2 = m_1 + m_s - \rho_w V_s$$

Com m_s: massa das partículas sólidas, ρ_w: densidade da água destilada, Vs: volume das partículas sólidas.

$$V_s = \frac{m_1 + m_s - m_2}{\rho_w}$$

$$\rho_s = \frac{m_s}{V_s} = \frac{m_s}{m_1 + m_s - m_2}\rho_w \Rightarrow \gamma_s = \rho_s . g$$

Aplicação 1:

Uma amostra ë de argila saturada tem uma massa de 1,526kg; após secagem em estufa, a sua massa é de apenas 1,053kg. O sólido constituinte dos grãos tem uma densidade^ de 2,7.

Perguntamos :

- Teor de água w;
- O índice videse ;
- Os poros^ n;
- A densidade húmida yh;
- Densidade húmida (yh/yw)

Tomaremos g = 9,81 m/s^2

Solução 1:

$$w = \frac{W_w}{W_s} = \frac{M_w}{M_s} = \frac{1.526 - 1.053}{1.053} = \frac{0.473}{1.053} = 0.449$$

→w=45%

$$e = \frac{V_v}{V_s} = \frac{V_w}{V_s} = \frac{M_w}{\rho_w} \cdot \frac{\rho_s}{M_s} = w\, d_s = 45\% * 2.7 = 1.215$$

$$n = \frac{V_v}{V} = \frac{V_w}{V} = \frac{V_w}{V_s + V_w} = \frac{M_w}{\rho_w} \cdot \frac{1}{\frac{M_w}{\rho_w} + \frac{M_s}{\rho_s}} = \frac{M_w}{M_w + \frac{M_s}{d_s}} = 0.548$$

→n=0.55

$$\gamma_h = \frac{W}{V} = \frac{M * g}{V_s + V_w} = \frac{M * g}{\frac{M_s}{\rho_s} + \frac{M_w}{\rho_w}} = \frac{M * g * \rho_w}{\frac{M_s}{d_s} + M_w} = 17.34$$

$$d_h = \frac{\gamma_h}{\gamma_w}\,; \quad \gamma_w = \frac{W_w}{V_w} = \frac{M_w * g}{V_w} = \rho_w . g = 9.81 KN / m^3$$

→d_h=1.77

Aplicação 2:

[3]Um ëcИan^Пon de solo tem uma massa de 129,1g e um volume de 56,4cm . A massa dos grãos é 121,5g. O constituinte sólido dos grãos tem uma densidade^ de 2,7.

Perguntamos:

- Teor de água ;
- O índice de vazios ;
- O grau de saturação Sr.

[2]Tomaremos g = 9,81 m/s .

Solução 2:

$$w = \frac{W_w}{W_s} = \frac{M_w}{M_s} = \frac{129.1 - 121.5}{121.5} = \frac{7.6}{121.5} = 0.0625$$

→w=6.3%

$$e = \frac{V_v}{V_s} = \frac{V - V_s}{V_s} = \frac{V}{V_s} - 1 = \frac{V}{\frac{M_s}{\rho_s} \cdot \frac{\rho_w}{\rho_w}} - 1 = \frac{V}{\frac{M_s}{d_s * \rho_w}} - 1 = 0.25$$

$$S_r = \frac{V_w}{V_v} = \frac{V_w}{V - V_s} = \frac{1}{\frac{V}{V_w} - \frac{V_s}{V_w}} = \frac{1}{\frac{V * \rho_w}{M_w} - \frac{M_s}{d_s * M_w}} = 0.666$$

→Sr=67%

Aplicação 3:

$_d$Um solo com uma densidade seca $d = 1{,}6$, uma densidade sólida $= 2{,}65$ e um teor de água w = 0,10 (10%).

Calcular :

- $_{sat}$Densidade saturada p ,
- Porosite, s.f,
- O índice de vazios e,
- $_r$O grau de saturação S ,
- Teor de água na saturação w_{sat}.

Solução 3:

$$\rho_s = \frac{M_s}{V_s};\ \rho_d = \frac{M_s}{V_t}$$

$$\rho_{sat} = \frac{M_t}{V_t} = \frac{M_s}{V_t} + \frac{M_W}{V_t} * \frac{M_s}{M_s} = \frac{M_s}{V_t}\left(1 + \frac{M_W}{M_s}\right) \rightarrow \rho_{sat} = \rho_d(1+w)$$

A.N: $\rho_{sat} = 1{,}6(1+0{,}1) \rightarrow \boxed{\rho_{sat} = 1{,}76\, ^t/_{m^3}}$

$$\rho_s = \frac{M_s}{V_s} * \frac{V_t}{V_t} = \rho_d * \frac{V_t}{V_s} = \rho_d\left(\frac{V_s + V_v}{V_s}\right) = \rho_d(1+e)$$

A.N: $e = \frac{\rho_s}{\rho_d} - 1 = \frac{2{,}65}{1{,}6} - 1 = 0{,}65 \rightarrow \boxed{e = 65\%}$

$$S_r = \frac{V_w}{V_v} = \frac{V_w}{eV_s} * \frac{M_s}{M_s} * \frac{M_w}{M_w} = \frac{\rho_s}{e\rho_w} * w$$

A.N: $S_r = \frac{2{,}65}{0{,}65*1} * 0{,}10 = 0{,}40 \rightarrow \boxed{S_r = 40\%}$

w_{sat}: O teor de água na saturação corresponde a $S_r = 1 \rightarrow 1 = \frac{\rho_s}{e\rho_w} * w_{sat}$

A.N: $w_{sat} = \frac{e*\rho_w}{\rho_s} = \frac{0{,}65*1}{2{,}65} = 0{,}24 \rightarrow \boxed{w_{sat} = 24\%}$

Curva granulométrica :

Rejeição num peneiro: a quantidade de material retido no peneiro.

Peneira: a quantidade de material que passa através da peneira.

Basta traçar as diferentes percentagens de peneiração numa folha semi-logarítmica:

- Abscissa: as dimensões da malha, escala logarítmica;
- Na ordenada: percentagens numa escala aritmética;
- A curva deve ser contínua.

As coordenadas semi-logarítmicas permitem uma representação mais exacta das partículas finas, que têm uma grande influência no comportamento do solo.

2.5 Caracterização da granulometria de um solo :

A granulometria de um solo pode ser caraйёпзёе por l'utilisation de coefficients :

1) Coeficiente de uniformidade ou coeficiente de Hazen :

$$C_u = \frac{D_{60}}{D_{10}} \quad \begin{cases} \text{Pour } C_u > 2 \rightarrow \text{la granulométrie est dite étalée.} \\ \text{Pour } C_u < 2 \rightarrow \text{la granulométrie est dite uniforme ou serrée.} \end{cases}$$

„Para C **> 2** ^ diz-se que **a** dimensão das partículas está calibrada.

„Para C **< 2** ^, diz-se que **a** dimensão das partículas é uniforme ou apertada.

DY: abertura do peneiro através da qual pode passar y% do peso do grão.

D10: é o chamado diâmetro efetivo.

2) Coeficiente de curvatura : $C_c = \frac{D_{30}^2}{D_{60} * D_{10}}$

„Quando certas condições sobre C e C são satisfeitas, diz-se que o solo é bem graduado, ou seja, a granulometria é bem distribuída, sem predominância de qualquer fração particular. Quando a granulometria é descontínua, com predomínio de uma determinada fração, diz-se que é mal graduada.

Os solos bem graduados constituem dëpдts naturalmente densos com uma capacidade de suporte ëlevëe. Podem ser facilmente compactados em aterros e formar declives estáveis.

Aplicação:

3500g de areia previamente peneirada são peneirados a seco. Verifica-se, em primeiro lugar, que o peneiro de 12,5mm (i) não retém qualquer fração do material. De seguida, utiliza-se uma coluna de seis peneiros com as seguintes aberturas de malha, de cima para baixo: 5; 2; 1; 0,5; 0,2; 0,1mm. As rejeições em cada um dos seis peneiros são as seguintes (de cima para baixo): 217g; 868g; 1095g; 809g; 444g; 39g e o peneiro da última peneira recolhida no fundo que fecha a coluna é de 28g.

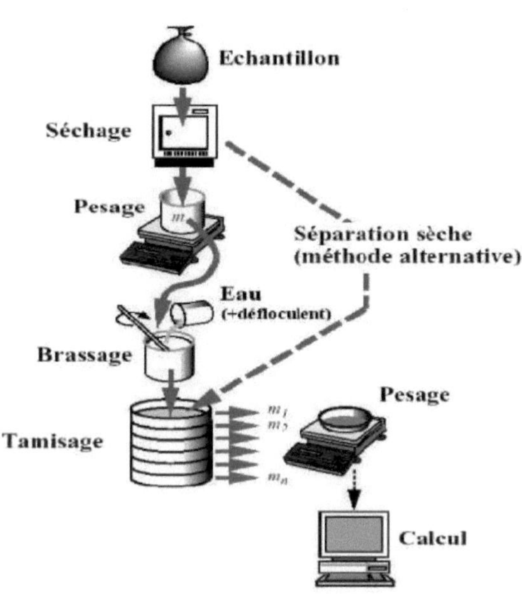

$_{10}$Pedimos-lhe que construa a curva granulométrica e que determine o diâmetro efetivo (D) e o coeficiente de uniformidade^.

Solução:

	Filtros de abertura	Rejeições(g)	Bolo de peneira (g)	Bolo de peneira
1	12,5	0	3500	100
2	5	217	3283	94
3	2	868	2415	69
4	1	1095	1320	37,7
5	0,5	809	511	14,6
6	0,2	444	67	1,92
7	0,1	39	28	0,80

Reste		28	0	

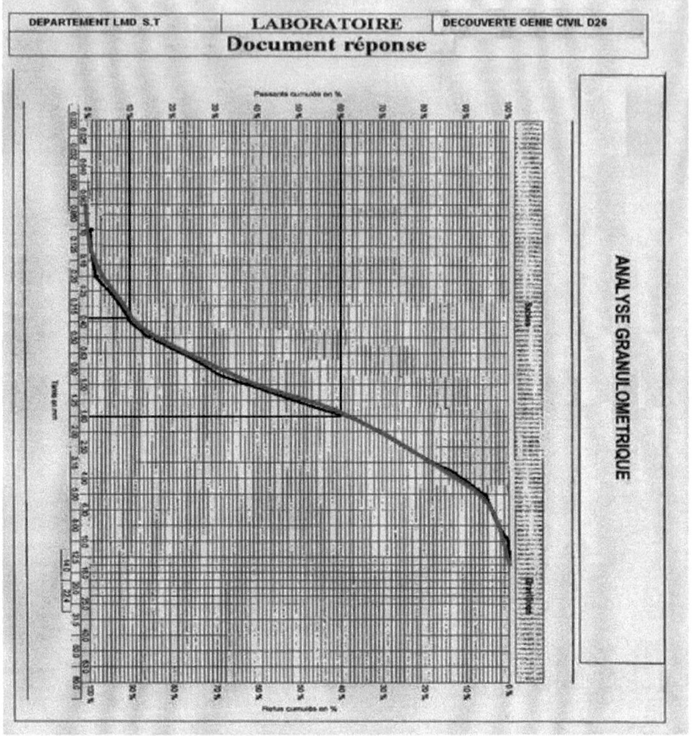

$C_u = \frac{D_{60}}{D_{10}} = \frac{1{,}60mm}{0{,}37mm} = 4{,}3 > 2 \rightarrow$ O tamanho do grão é distribuído.

2.6 Estrutura do solo :

1) Solos pulverulentos (cascalhosos) $D > 20\mu m$ **:**

Os grãos desfazem-se com o seu próprio peso.

As principais forças envolvidas no equilíbrio da estrutura são as forças da gravidade; é através das reacções de contacto grão a grão que pode existir um conjunto estável. Esta estabilidade será ainda maior se o número de contactos for ë1вуë (solo bem graduado).

2) Solos finos (coerentes) $D < 20\mu m$ **:**

As partículas permanecem coladas umas às outras. O solo tem a aparência de um sólido e não dësagrë sob o efeito da gravidade ou de outras forças aplicadas. As partículas são formadas por uma pilha de folhas. Têm a forma de plaquetas.

3) Solos orgânicos :

Quando os grãos são constituídos por matéria orgânica, diz-se que o solo é orgânico. A presença de matéria orgânica nos solos, que dá origem a texturas soltas e a uma grande retenção de água, torna-os muito plásticos^ e compressíveis^.

2.7.1 Ensaios de identificação específicos para solos granulares :

2.7.1.1 Ensaio de equivalência de areia :

O objetivo do ensaio de equivalente de areia, dësignë pelo símbolo E.S., é avaliar a proporção relativa de elementos finos contidos no solo, cuja presença em quantidades significativas pode modificar o comportamento mecânico.

O ensaio consiste em efetuar uma lavagem energética da amostra de solo (fração do material cujos componentes são inferiores a 5 mm), a fim de a separar da sua matéria fina. O tubo de ensaio que contém o solo e a solução de lavagem é submetido a 90 ciclos de 20 cm de amplitude durante 30 segundos. A solução utilizada tem também um efeito floculante sobre as partículas finas. É muito utilizada, nomeadamente na gëotecnia rodoviária.

Deixar assentar a solução. $_2$A areia verdadeira deposita-se no fundo da bureta até um nível mensurável h . Por cima da areia, deposita-se o floculado inchado pela solução. Pode distinguir-se um segundo nível h1 que separa o líquido que contém o floculado do líquido transparente da solução de lavagem dëcantë. $_2$A razão entre a altura do sólido dëpдt h e a altura do nível superior do floculado h1 é determinada.

.

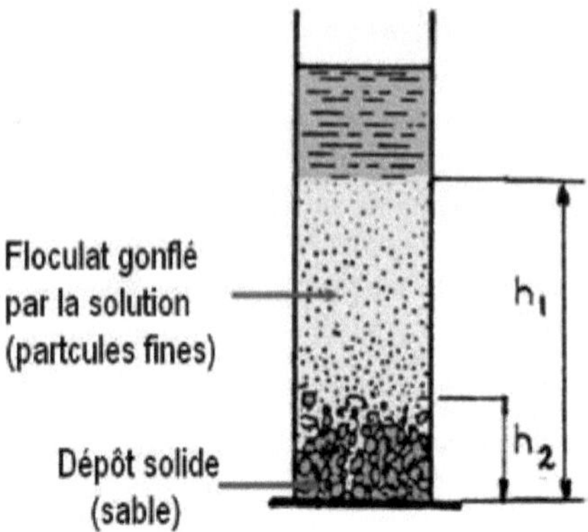

O equivalente de areia é, por definição, :

$$E.S. = \frac{h_2}{h_1} * 100$$

Para areia pura e limpa E.S.=i00

***2.7.1.2* Índice de densidade :**

Para dar uma ideia do estado de compacidade em que se encontra um solo arenoso no seu estado natural, definimos o índice de densidade :

$$I_D = \frac{e_{max} - e}{e_{max} - e_{min}}$$

Para solos soltos $e \approx e_{max} \rightarrow I_D \approx 0$

Para um pavimento de estufa $e \approx e_{min} \rightarrow I_D \approx 1$

2.7.2 Ensaios de identificação específicos para solos finos :

2.7.2.1 Limites de Atterberg :

A particularidade dos solos finos é que a sua consistência varia muito de acordo com o seu teor de água. O seu estado vai do sólido, se forem dessëchës, ao líquido, se forem dëtrempës. Entre estes dois estados, existe um estado intermédio chamado plástico (massa de modelar).

Os limites de Atterberg são constantes físicas convencionais (teor de água ponderal) que marcam os limiares entre :

- $_L$A transição de um solo de um estado líquido para um estado plástico (limite líquido W)
- $_p$A transição de um solo de um estado plástico para um estado sólido (limite plástico W)

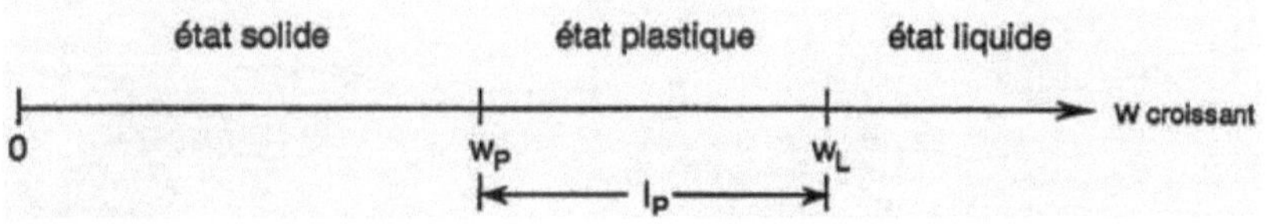

2.7.2.2 Índice de plasticidade IP :

$_p$O índice de plasticidade, notë I , é o parâmetro mais comum и1Шзё para cara^riser a argilosidade dos solos.

É expressa pela relação : $I_P = W_L - W_P$

2.7.2.3 Índice de coerência IC :

A comparação entre o teor natural de água do solo Wnat e os limites de Atterberg, fornece uma idëe da condição do solo no local.

Para o efeito, definimos o índice de consistência : $I_C = \frac{W_L - W_{nat}}{I_P}$

líquido muito meu macio semi-consistente muito consistente

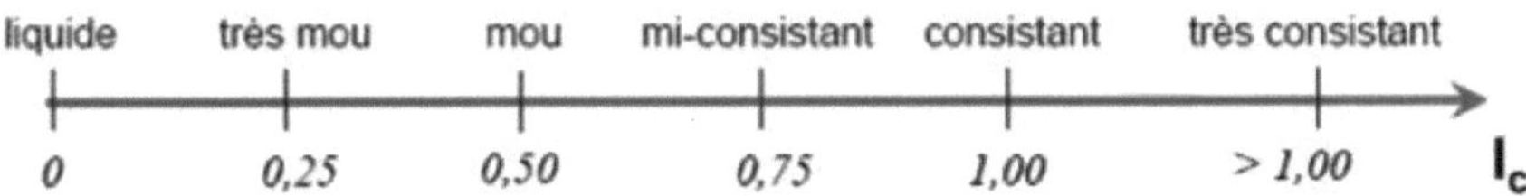

2.8 Classificação dos solos :

A classificação de um solo consiste em identificá-lo através de medições quantitativas e em atribuir-lhe um nome para o associar a um grupo de solos com características semelhantes.

Semelhante à classificação americana U.S.C.S. (United Soil Classification System), a classificação utilizada em França pelos laboratórios Ponts et Chaussëes (L.P.C.) baseia-se essencialmente na análise granulométrica e nas características de plasticidade da fração fina, completada por ensaios muito simples (cor, odor, efeitos da água, etc.).

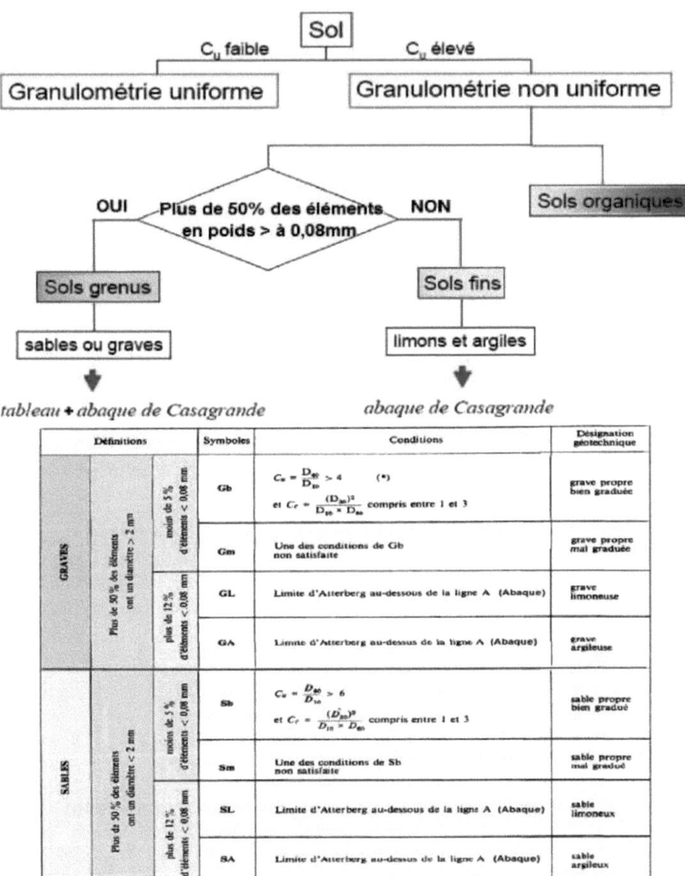

Définitions			Symboles	Conditions	Désignation géotechnique
GRAVES	Plus de 50 % des éléments ont un diamètre > 2 mm	moins de 5 % d'éléments < 0,08 mm	Gb	$C_u = \frac{D_{60}}{D_{10}} > 4$ (*) et $C_c = \frac{(D_{30})^2}{D_{10} \times D_{60}}$ compris entre 1 et 3	grave propre bien graduée
			Gm	Une des conditions de Gb non satisfaite	grave propre mal graduée
		plus de 12 % d'éléments < 0,08 mm	GL	Limite d'Atterberg au-dessous de la ligne A (Abaque)	grave limoneuse
			GA	Limite d'Atterberg au-dessus de la ligne A (Abaque)	grave argileuse
SABLES	Plus de 50 % des éléments ont un diamètre < 2 mm	moins de 5 % d'éléments < 0,08 mm	Sb	$C_u = \frac{D_{60}}{D_{10}} > 6$ et $C_c = \frac{(D_{30})^2}{D_{10} \times D_{60}}$ compris entre 1 et 3	sable propre bien gradué
			Sm	Une des conditions de Sb non satisfaite	sable propre mal gradué
		plus de 12 % d'éléments < 0,08 mm	SL	Limite d'Atterberg au-dessous de la ligne A (Abaque)	sable limoneux
			SA	Limite d'Atterberg au-dessus de la ligne A (Abaque)	sable argileux

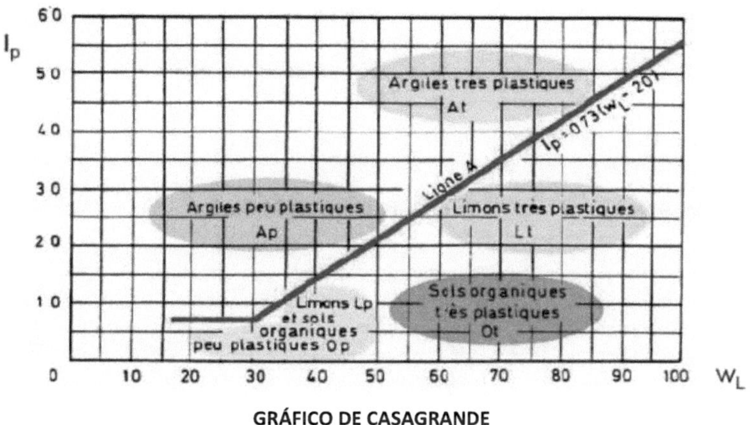

GRÁFICO DE CASAGRANDE

Aplicação:

Recolhemos 5 amostras de solo A B CD E e efectuámos as operações habituais de identificação (peneiração e limites). O quadro mostra os resultados:

Amostra	Limites de Altenberg		Bolo de peneira		
	W_L	W_P	2mm	0,4 mm	80p.m
A	-	-	97	59	0,1
B	23	17	99	93	77
C	28	17	99	76	47
D	-	-	44	8	1
E	23	16	100	85	28
F	28	18	49	33	26

Pedimos-lhe que aplique a classificação L.P.C. a estas amostras ë.

➔ Amostra A: Mais de 50% dos elementos em peso superiores a 80pm (=0,1%) Solo arenoso ;

➔ Mais de 50% (97%) dos ëlëments têm um diâmetro < 2mm Areia

➔ Menos de 5% de d^^ments < a 0.08mm (0.1%) Areia limpa bem д^иё Sb se as condições em Cu e Cc forem cumpridas, caso contrário, é areia limpa mal д^иё Sm.

➔ Amostra B: Menos de 50% dos elementos acima de 80pm (77%) Sol fin

➔ Limite de Atterberg Argila ligeiramente plástica Ap.

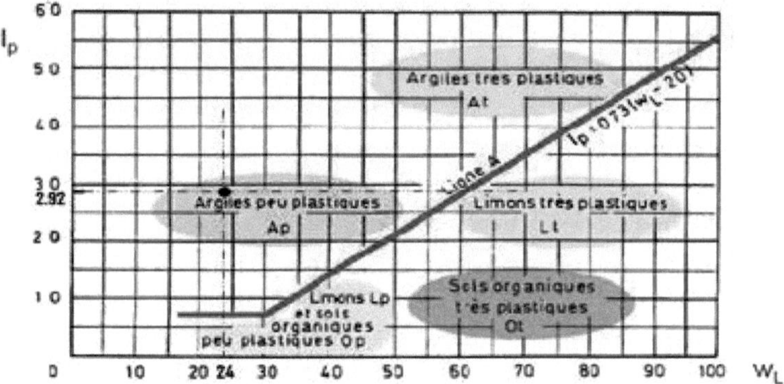

➔ Amostra C: Mais de 50% dos elementos acima de 80pm (47%) Solo arenoso

➔ Mais de 50% (99%) dos ëlëments têm < 2 mm de diâmetro Areia

➔ Mais de 12% dos depósitos têm um diâmetro inferior a 0,08 mm (47%), ver o diagrama de Casagrande:

➔ Limite de Atterberg acima da linha A Areia argilosa.

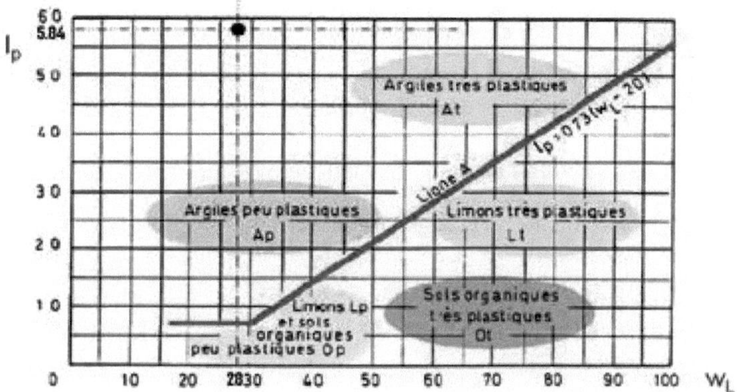

Amostra D: Mais de 50% dos elementos acima de 80pm (1%)^ Solo cinzento

➔ Menos de 50% (44%) dos ëlëments têm < 2 mm de diâmetro Grave

➔ Menos de 5% dos elementos < a 0,08mm (1%) Cascalho limpo bem graduado Gb se as condições para Cu e Cc forem satisfeitas, caso contrário, cascalho limpo mal graduado Gm.

➔ Amostra E: Mais de 50% dos elementos superiores a 80p.m (28%) Solo cinzento

➔ Mais de 50% (100%) dos elementos têm um diâmetro < 2 mm Z Areia

➔ Mais de 12% dos elementos têm um diâmetro < 0,08 mm (28%), ver o diagrama de Casagrande:

➔ Limite de Atterberg acima da linha A Areia argilosa.

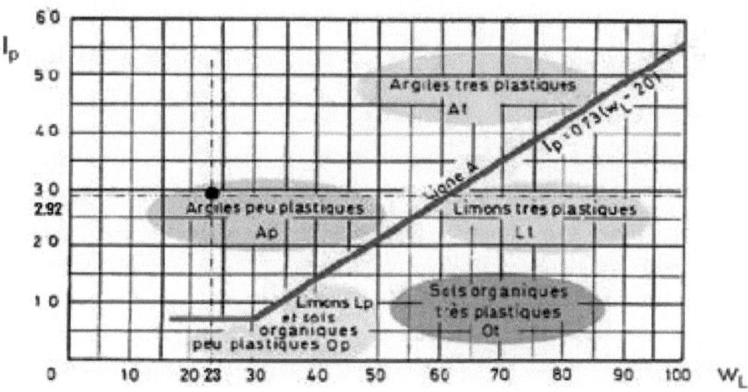

➔ Amostra F: Mais de 50% dos elementos superiores a 80p.m (26%) Solo cinzento

➔ Menos de 50% (49%) dos elementos têm um diâmetro < 2mm Grave

➔ Mais de 12% dos elementos têm um diâmetro < 0,08 mm (26%), ver o diagrama de Casagrande:

➔ Limite de Atterberg acima da linha Gravel Clay.

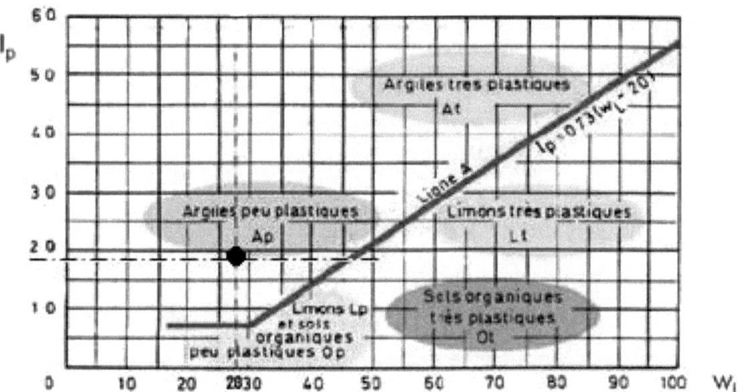

Capítulo III

Compactação do solo

Capítulo 3

Compactação do solo

3.1 Definições - Geral :

- [1]Compactar um solo significa reduzir o seu volume (ou, o que é a mesma coisa, aumentar a sua densidade) através da aplicação de um processo mecânico. Esta ação aumenta a compactação do solo, apertando a sua textura. Como resultado, reduz o potencial de deformação do solo e melhora a sua capacidade de suporte. É de notar que existem outros métodos para aumentar a capacidade de suporte de um solo, como a adição de ligantes, mas estes métodos são mais caros.

- É importante perceber que a redução de volume devido à compactação só ocorre através da eliminação dos vazios cheios de ar que existem no solo inicial. O conteúdo de água w do solo não é alterado!

- No entanto, se o teor de água w do solo se mantiver inalterado, o mesmo não se aplica

γ_h para o peso por volume do solo que será aumentado, bem como para o peso volume seco γd desde : $\gamma_d = \frac{\gamma_h}{1+\omega}$

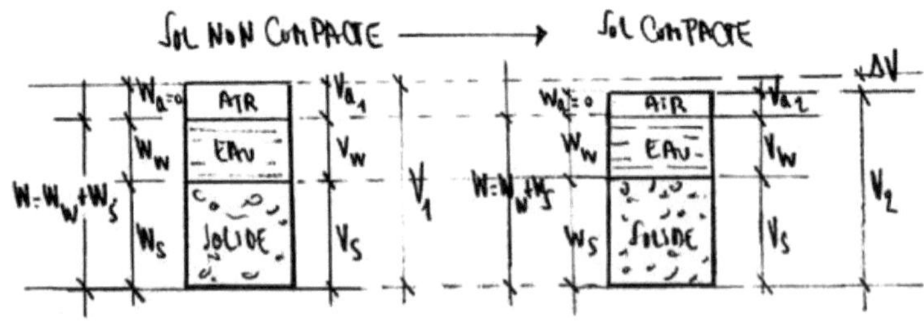

- Apenas V e Va diminuem, W ,Ws , Ww ,Vs ,Vw permanecem inalterados.

- $\gamma_h = \frac{W}{V}$; $\gamma_d = \frac{W_S}{V}$ Consequentemente, está a aumentar.

❖ A densidade de peso seco y^ é o parâmetro cujas variações devido à compactação serão estudadas. Este parâmetro mantém a sua importância mesmo que o solo em causa não esteja seco!

De facto, γd é o peso por volume que o solo teria se estivesse seco.

NB: quanto maior for o , melhor será a compactação → o objetivo é obter o maior γd possível.

❖ A compactação é influenciada pelos seguintes factores:

> Teor de água ;

> A natureza do solo ;

> Energia de compactação.

3.2 Influência do teor de água :

- Se um solo for compactado por uma série de choques que lhe são transmitidos por uma massa em queda, a dëformação do solo, ou seja, a redução do seu volume, absorve uma energia igual à energia potencial da massa antes da queda (= mgh para uma massa m que cai de uma altura h) multiplicada pelo número de choques dados ^ esta energia é designada por energia de compactação.

- Se traçarmos o y^ obtido após a compactação de uma amostra de solo, realizando uma série de ensaios de compactação, cada um correspondendo a um teor de água diferente (controlado pela adição de água) mas utilizando sempre a mesma energia de compactação, obtemos a seguinte curva, conhecida como curva de compactação:

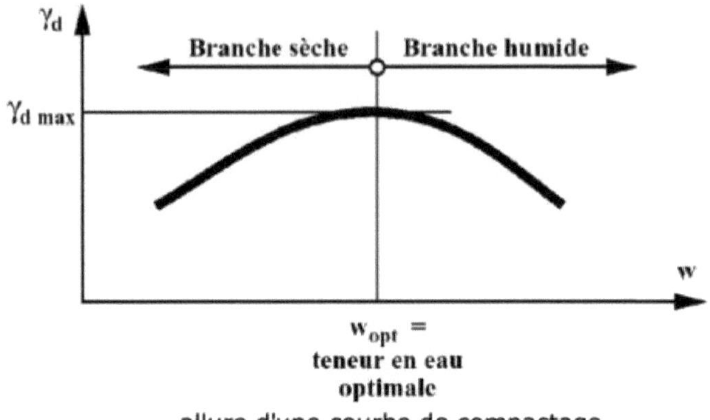

allure d'une courbe de compactage.

teor ótimo de águac a forma de uma curva de compactação.

- Esta é a curva de compactação correspondente a uma dada energia de compactação (se a energia de compactação for variada, obtém-se uma curva diferente).
- O ensaio efectuado para estabelecer esta curva é conhecido como ensaio Proctor.
- A curva assemelha-se a um sino. Passa por um ponto alto conhecido como o ponto ótimo

Proctor. é o ótimo que um determinado solo pode atingir para uma determinada energia de compactação e corresponde a um teor de água bem definido, mas específico, w ёдa1eтe^ para a energia de compactação implementada.

- A curva em forma de sino pode ser explicada da seguinte forma:
- Quando o teor de água é ëlevëe, a água absorve uma grande parte da energia de compactação sem qualquer benefício.
- Por outro lado, a água actua como um lubrificante no processo de compactação (um solo demasiado seco provoca um atrito significativo entre os grãos do solo).

3.3 Influência do tipo de solo :

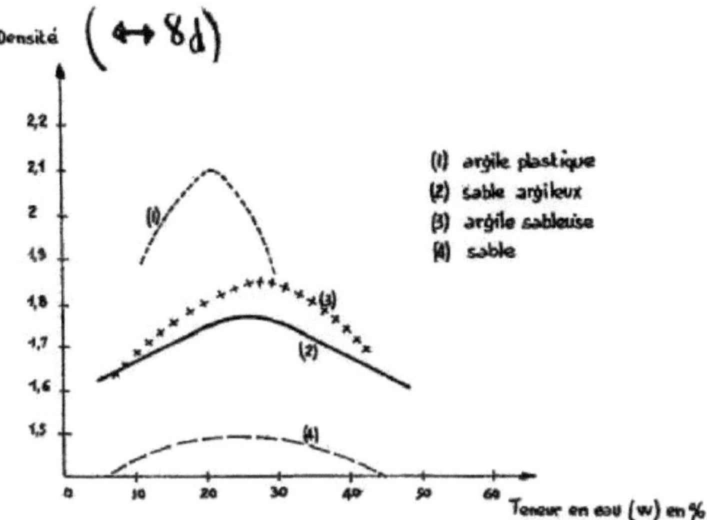

- A forma dos cortes de compactação varia com a natureza do solo. São muito planos para areia (o que significa que γd é apenas ligeiramente influenciado pelo teor de água), e têm um máximo muito marcado para argila plástica (o que significa que γd é fortemente influenciado pelo teor de água).

3.4 Influência da energia de compactação :

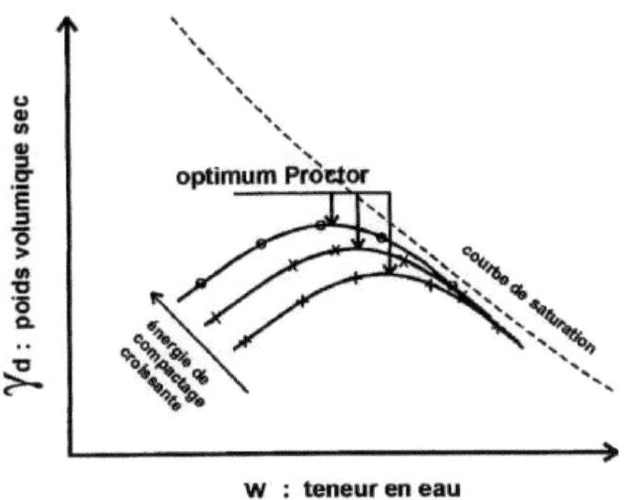

- As curvas de compactação acima correspondem a um determinado solo sujeito a difërentes energias de compactação curvas supërieures).

- À medida que a energia de compactação aumenta, o γd ótimo aumenta e o correspondente teor de água w diminui.

3.5 Ensaios de compactação em laboratório :

- O princípio dos ensaios de compactação já foi discutido na secção 2 (influência do teor de água). Uma amostra de solo, com um teor de água conhecido, é compactada num molde de dimensões normalizadas pela ação de um compactador em queda. O peso e a altura a que a senhora cai também são padronizados. O teor de água do solo em ensaio é controlado através da secagem da amostra e da adição sucessiva de quantidades exactas de água. (w, γ_d), Realiza-se uma série de ensaios para diferentes teores de água, produzindo o resultado de cada um deles um binário e, portanto, um ponto na curva de compactação.
- Os ensaios podem ser efectuados em dois tipos de moldes e em dois modos, o que perfaz quatro tipos de ensaios.

Podem ser utilizados moldes Proctor e C.B.R..

Em cada um dos moldes, o ensaio de compactação pode ser efectuado de duas formas: o ensaio Proctor normal e o ensaio Proctor modificado.

3.6 Utilização prática dos ensaios de compactação :

- $\gamma_{dmax} \rightarrow$ Cada solo é caracterizado por seu , cada um dos quais corresponde a um conteúdo de água único e preciso para cada uma das energias de compactação implementadas, esses valores são prëcisëment dëterminë por testes de laboratório. γ_d Quando apropriado, as especificações exigirão que os solos sejam compactados até um dëterminë.
- O solo do sítio tem um determinado teor de água:

- w_{opt} , se este for maior do que podemos imaginar drenar o terreno, o que é praticamente impossível (A→O) ;
- w_{opt} , se este valor for inferior a , considere a possibilidade de regar o solo (B→O) ;
- Em ambos os casos, sem alterar o teor de água do solo, é possível aumentar a energia de compactação, ou seja, aumentar o número de passagens de um rolo compressor; esta última solução é a mais fácil de pôr em prática (B→O').

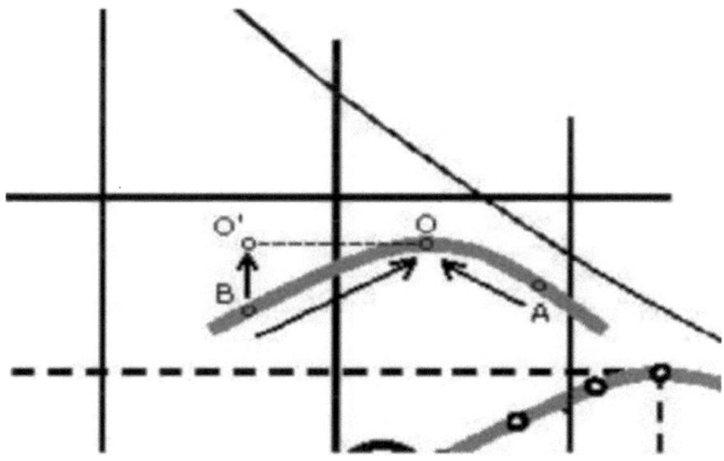

solução para atingir os objectivos do caderno de encargos

- Uma vez conhecido o teor de água do solo e, portanto, a energia de compactação necessária para atingir o γd requerido, é necessário calibrar o equipamento de compactação, ou seja, para um rolo compactador, é necessário estabelecer o número mínimo de passagens necessárias para atingir o γd ótimo numa espessura de cerca de 30 cm. O gestor da obra estabelece uma curva de calibração através de um ensaio à escala real realizado num troço de terreno. A curva de calibração relaciona o número de passadas necessárias para atingir o requerido, em função do teor de água (mais ou menos controlado pela rega). Esta curva passa por um mínimo que corresponde ao teor de água que deve ser obtido antes da compactação.

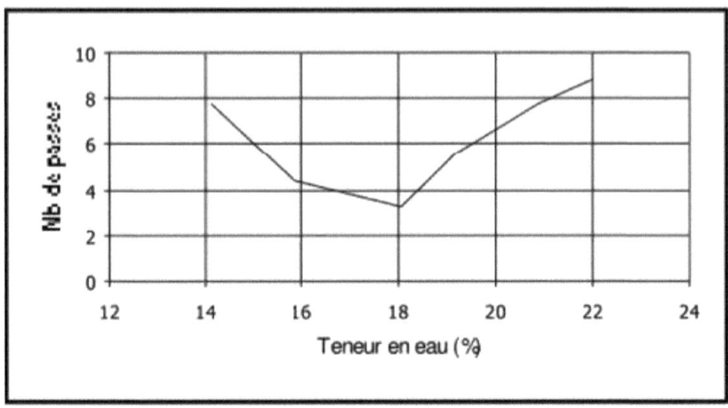

courbe d'étalonnage d'un engin de compactage.

curva de calibração de uma máquina de compactação

3.7 Verificação da compactação in situ :

- $(\rightarrow \gamma_h)$, γ_d O problema resume-se em retirar uma amostra ë, medir o seu volume e peso e depois determinar o seu peso após passar pelo forno, o que permite determinar e também *w*.
- A maior difficultë reside na dëterminação do volume da Amostra prëlevë.

Podem ser utilizados vários métodos:

- mëtodo do anel volumëtrico: um cilindro com um volume de meio litro é gradualmente empurrado para dentro do solo, removendo o perímetro à medida que é empurrado. No entanto, existe o risco de comprimir a amostra durante a operação, resultando num erro de compactação. Além disso, se o solo contiver cascalho ou seixos, o afundamento torna-se difícil, se não impossível.
- mëthode dite a l'huile : on exëcute dans le terrain un prélèvement de six à sept litres et on remplissage le trou d'huile, de dens^ connue, à partir d'un récipient qu'on pesée avant et après le remplissage ^ on en dëduit le volume.
- Método da areia më: o mesmo princípio, com a escavação preenchida com areia seca do

calibre correto.

- Método do nuc^odensímetro: este dispositivo permite determinar diretamente a densidade através da absorção de neutrões emitidos por uma fonte radioactiva, o que possibilita a realização de numerosos ensaios não destrutivos no local.

- mëtodo de congëlação : as areias saturadas não mudam de densidade quando congeladas. Por isso, é fácil retirar uma amostra ë e medir o seu volume.

3.8 Técnicas e equipamentos de compactação :

- O equipamento utilizado dependerá da natureza do terreno e da dimensão dos trabalhos a efetuar.

- Utilizamos :

> Cilindros lisos: podem ser "estáticos", ou seja, atuar apenas por pressão (estes cilindros são cada vez menos utilizados, exceto para laminar revestimentos de superfície e compactar misturas muito finas < 4 cm) ou vibratórios, caso em que o método de compactação combina vibração e pressão.

> Cilindros de pata de carneiro (também conhecidos como cilindros "*pé* de carneiro"): podem ser estáticos ou vibratórios; para além da pressão e possivelmente da vibração, produzem uma pëtrissagem do solo e são particularmente adequados para compactar solos argilosos. Não é necessário alisar após a sua utilização.

> Rolos com pneus: utilizados em terrenos não coesivos.

> Placas vibratórias.

> Motores de pílulas.

- É também de notar que, independentemente do equipamento utilizado, a compactação deve ser efectuada em camadas finas de 20 a 30 cm, no máximo.

- Existem muitas outras técnicas para compactar o solo.

Aplicação:

[3]Os resultados seguintes foram medidos durante um ensaio Proctor utilizando um molde normal de 0,96 dm . A massa do molde é de 1034g.

Massa de uma ë amostra deste solo (g)	6,65	6,12	5,02	5,18	5,20	4,77	4,74
Massa seca da amostra (g)	6,03	5,51	4,49	4,60	4,59	4,18	4,12
Massa de solo seco com molde de compactação (g)	2821	2864	2904	2906	2895	2874	2834

1) Traçar a curva Proctor e deduzir as densidades máximas^ e o teor de humidade ótimo.
2) sCalcular o teor de água a 100% de saturação, à densidade máxima, se G =2,67.
3) Dë reduzir a quantidade de água a adicionar ao ótimo para atingir a saturação.
4) Desenhe a linha de saturação a 100% e a linha a 5% de ar.

Pressupondo uma compactação relativa de 96% com um teor de humidade ótimo,

5) Estimar a tensão total sob um aterro deste solo com 20 m de altura.
6) Quais são os índices de vazios e o grau de saturação deste solo?

Solução:

1) Densidade máxima e teor de humidade ótimo

Massa de uma ë amostra deste solo (g)	6,65	6,12	5,02	5,18	5,20	4,77	4,74
Massa seca da amostra (g)	6,03	5,51	4,49	4,60	4,59	4,18	4,12
Massa de água (g)	0,62	0,61	0,53	0,58	0,61	0,59	0,62
Teor de água $\omega = \frac{M_w}{M_S}$							
Teor de água w%	10,28	11,07	11,80	12,60	13,29	14,11	15,05

Massa do solo com molde de compactação (g)	2821	2864	2904	2906	2895	2874	2834
Tara do molde = 1034g; Volume do molde = 0,96 dm^3							
Massa seca do solo (w_s)	1787	1830	1870	1872	1861	1840	1800
Peso específico seco $\gamma_d = \frac{W_s}{V}$							
Peso específico seco γ_d (kN/m^3)	18,61	19,06	19,48	19,50	19,38	19,16	18,75

A curva de Proctor é traçada $\gamma_d = f(w)$

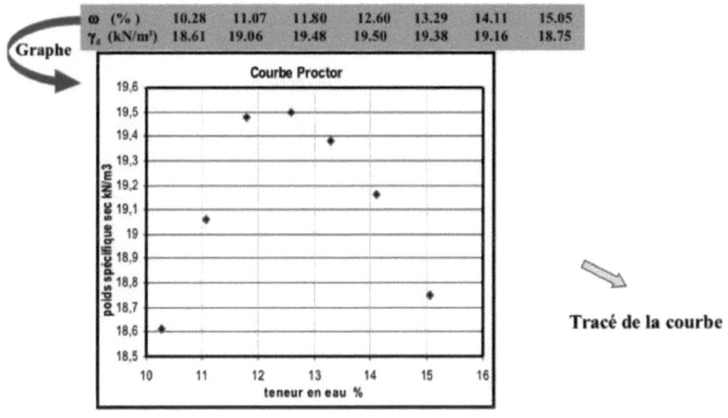

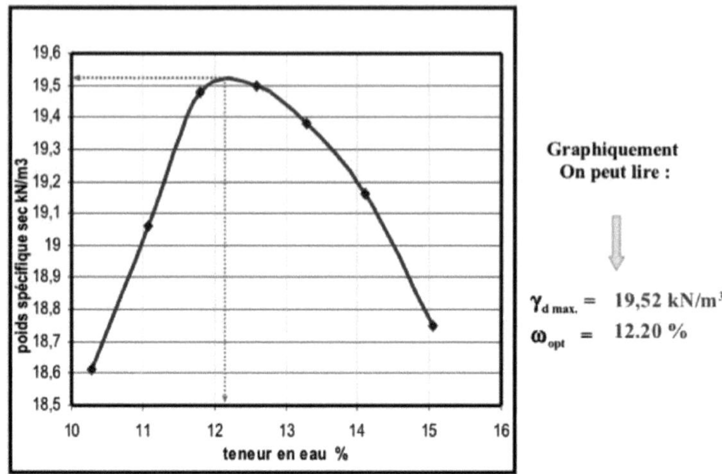

2) Teor de água na saturação correspondente à densidade máxima :

$$\gamma_d = \frac{\gamma_S}{\left(1 + w\frac{G}{S_r}\right)}$$

Avec $\gamma_d = \gamma_{dmax}$=19.52kN/m³
γ_s =26,7kN/m³
G=2,67
S_r=1

$\omega_{sat} = 13{,}77\ \%$

3) Quantidade de água a adicionar ao P.O. para atingir a saturação:

$$V_\omega = W_\omega / \gamma_\omega$$

Comme : $W_\omega = W_s \cdot \omega$

avec : $\omega = \omega_{sat} - \omega_{opt}$

⇓

$$W_\omega = W_s \cdot (\omega_{sat} - \omega_{opt})$$

⇓

Par unité de volume (1 m³) on aura :

⇓

W_ω = 26,7. (13,77 - 12,20) / 100
= 0,419 kN par m³ de sol ➡ $V_\omega \cong$ 42 litres par m³ de sol

4) Linha de saturação a 100% :

$$\gamma_d = \frac{\gamma_S}{\left(1 + w\frac{G}{S_r}\right)}$$

Com

$\gamma = 26,7$kN/m3

G=2,67

Sr=1

w(%)	10,28	11,07	11,80	12,60	13,29	14,11	15,05
γd a Yd	20,94	20,61	20,30	19,98	19,70	19,39	19,04

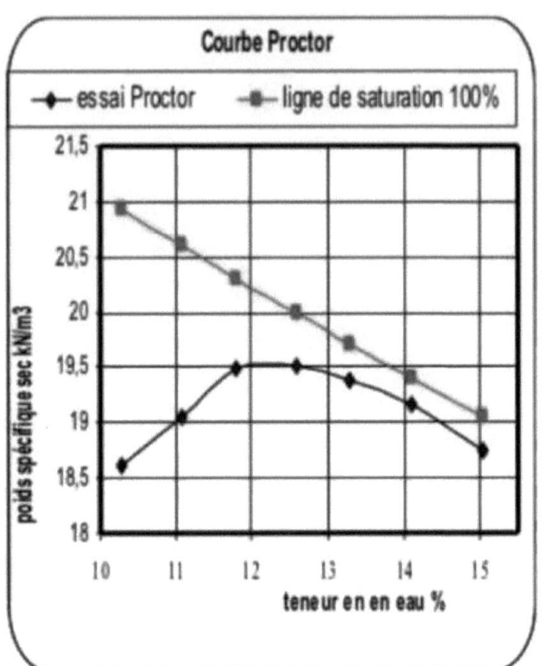

4) 5% de linha de ar :

$$\gamma_d = \frac{\gamma_S(1-A)}{(1+wG)}$$

Com

γ =26,7kN/m3

G=2,67

A=0,05

$w(\%)$	10,28	11,07	11,80	12,60	13,29	14,11	15,05
γ_d	20,94	20,61	20,30	19,98	19,70	19,39	19,04

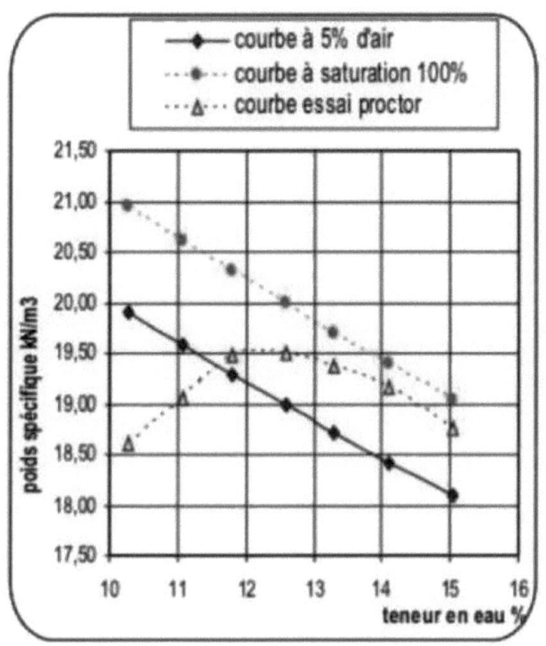

5) Estimativa da tensão total sob um aterro deste solo com 20 m de altura: Compactação relativa $\gamma_d * \gamma_{dmax} = 96\% * 19{,}52 => \gamma_d = 18{,}74 kN/m^3$

Stress total : $\sigma = \gamma * H$

Comme $\gamma_d = \frac{\gamma}{1+w} => \gamma = \gamma_d(1+w)$

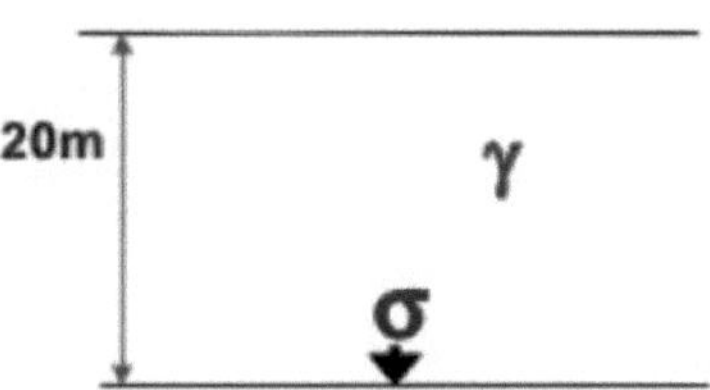

Densidade total $\gamma = 18{,}74 * (1 + 12{,}20\%) = 21{,}03 kN/m3$ $\sigma = \gamma * = 21{,}03 * 20 = 420{,}6 kN/m3$

7) Índice de vazios e grau de saturação deste solo:

$$e = \gamma_s\left(\frac{1}{\gamma_d} - \frac{1}{\gamma_s}\right) = 26{,}7 * \left(\frac{1}{18{,}74} - \frac{1}{26{,}7}\right) => e = 0{,}425$$

Como $$G * w = S_r * e => S_r = 2{,}67 * 12{,}20\% \frac{1}{0{,}425} => S_r = 76{,}64\%$$

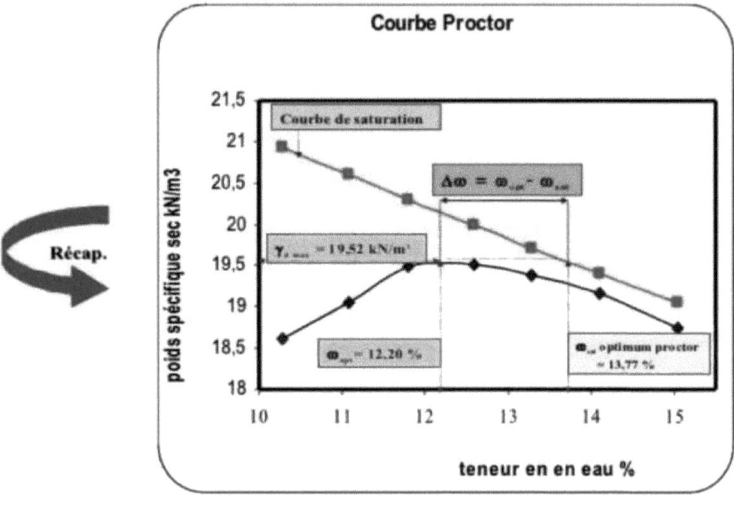

Referências

[1] Berga Abdelmadjid " Etements de mëcanique des sols " Centro universitário de Bëcк<ar, 2003-2004.

[2] Jacques Lërau " Gëotechnique1 Cours Chapitrel " INSA Toulouse, 2005-2006.

[3] J.Costet G. Sanglerat "Cours pratique de mëcanique des sols, P^з^c^ë et calcul des tassements" Dunod 1977.

[4] Francois Schlosser "Exercices de mëcanique des sols" Presses de 1'ëco1e nationale des ponts et chaussëes, 1989.

[5] Portail de Gënie Civil en A^rie " Mëcanique des sols " www.GCAlgerie.com.

[6] Khaled Meftah " Cours et exercices de mëcanique des sols " Primeira versão setembro de 2008.

[7] Fred Portet e Olivier Noel "Gëotechnique routiere, 3- la classification des sols" ENTE d'Aix en Provence, 18 de julho de 2011.

[8] Khelifa Harichane " Mëcanique des solsl " Universo Hassiba Ben-Bouali de Chlef, 2013-2014.

[9] G. N. Smith e Ian G. N. Smith "Elements of Soil Mechanics" Universidade de Edimburgo, sétima edição.

[10] Guettouche Amar " Mëcanique des sols I Cours et exercices " Universo Setif-1, 2015-2016.

[11] P. Vassart " Mëcanique des sols " Bac Construc/IEPSCF - Namur.

yes

I want morebooks!

Buy your books fast and straightforward online - at one of world's fastest growing online book stores! Environmentally sound due to Print-on-Demand technologies.

Buy your books online at
www.morebooks.shop

Compre os seus livros mais rápido e diretamente na internet, em uma das livrarias on-line com o maior crescimento no mundo! Produção que protege o meio ambiente através das tecnologias de impressão sob demanda.

Compre os seus livros on-line em
www.morebooks.shop

info@omniscriptum.com
www.omniscriptum.com

Printed by Books on Demand GmbH, Norderstedt / Germany